A vida de um cientista *brasileiro*:

Dr. Prof. Jerzy Tadeusz Sielawa

Autor: Władysław Sielawa

Sumário

A vida de um cientista *brasileiro* – Dr. Prof. Jerzy T. Sielawa 3
    A vida na Polônia 3
    Chegada de Wiktor Sielawa ao Brasil 5
    Necessidade de saída de Jerzy Sielawa da Polônia 9
    Vinda de Jerzy Sielawa ao Brasil 11
    Bolsa de estudos nos Estados Unidos 12
    Retorno ao Brasil já como Doutor 13
    IAE 13
    IEAv 15
    Sielawa espião para o Brasil 16
José Alberto Albano do Amarante 19
    As usinas termonucleares de Angra dos Reis 23
    O programa nuclear brasileiro 26
Dr. Prof. Jerzy T. Sielawa no Instituto Nacional de Pesquisas Espaciais – INPE 27
Participações mais significativas do Dr. Prof. Jerzy Sielawa em projetos e política 29
    Acordo com a China 29
    Corrupção 29
    Reportagem da Folha de São Paulo 33
    Volta aos Estados Unidos 36
História do INPE 38
    A origem do INPE na corrida espacial 38
    Sociedade Interplanetária Brasileira (SIB) 38
    Jânio Quadros 39
    Centro de Lançamento de Foguetes da Barreira do Inferno 39
    Cooperação internacional: estímulo à pesquisa e instrumentação 40
    INPE realiza em 1974, da 17ª Reunião do Comitê de Pesquisa Espacial 41
    INPE cria o programa de Clima Espacial 42
    Radar, em Cachoeira Paulista (SP), para estudo de ventos (MESA) 42
    Projeto Sensoriamento Remoto (SERE) 43
    Satélites de comunicação 43
    Formação de especialistas para suprir a falta de cientistas 44
    Tecnologias dedicadas ao desenvolvimento sustentável 45
    Projeto de Detecção de Queimadas e desmatamento 45
    Das aplicações de satélites às previsões diárias de tempo 46
    Evolução das previsões numéricas de tempo 46
    A ampliação das pesquisas em mudanças climáticas 47
    A busca da autonomia no desenvolvimento das tecnologias espaciais 48
    MECB – contratação de recursos humanos e projetos de ampla infraestrutura 49
    SCD-2, lançado em 1998 50
    O Programa CBERS: cooperação com a China 51
    Lançamento do CBERS-4, em dezembro de 2014 51
    Orçamentos 52

Resumo cronológico dos principais eventos do INPE 53

Reportagem jornalística

A vida de um cientista *brasileiro* – Dr. Prof. Jerzy T. Sielawa

A vida na Polônia

Jerzy Tadeusz Sielawa nasceu em Lwów, Polônia (atualmente Lviv, Ucrânia) em 1 de Janeiro de 1930.

Pai: Wiktor Sielawa

Mãe: Wilhelmina Sielawa (Rzym de solteira)

Enquanto criança em 1939, seus pais estavam de férias nos Estados Unidos quando começou a segunda guerra mundial. Entre permanecer na América ou voltar para Lwów para buscar o filho único, optaram por voltar. Como haviam tomado o último vôo comercial para a Polônia, não tiveram mais oportunidade de sair do país.

Devido à tensão maior no leste polonês, onde os alemães armavam e incitavam ucranianos a eliminar poloneses, conseguiram fugir juntamente com o então futuro escritor e médico Stanisław Lem, para o centro-sul, para a cidade de Kraków (Cracóvia), deixando para trás toda a fortuna que tinham, se estabelecendo na nova cidade. Além da tensão ser menor em Cracóvia, a mãe de Jerzy era alemã, o que minimizou um pouco a tensão no conflito com os invasores, já que ela se comunicava fluentemente com os mesmos. Seu pai havia estudado engenharia de minas em São Petersburgo (Petrogrado ou Leningrado) e falava russo fluente. Este fato também ajudou a princípio no relacionamento com os russos (soviéticos mais precisamente), próximos invasores depois dos alemães.

Durante a guerra, mesmo jovem (a segunda gurra mundial terminou quando tinha 15 anos), fez parte da *Armia Krajowa* (exército nacional ou exército de resistência), construindo rádios para captar notícias de fora da faixa nazista e também distribuindo jornais clandestinos para a população, para motivar os compatriotas.

Após a guerra, a União Soviética tomou o leste polonês e cedeu-o para a Ucrânia, fato que impossibilitou o retorno da família Sielawa para a cidade de Lwów. Mais tarde os soviéticos dominaram também politicamente toda a Polônia, mas, sem transformar este país em mais uma república soviética.

Em 1946, Jerzy Sielawa entrou para a universidade, a princípio em Wrocław (Breslau), no curso de engenharia mecânica, transferindo-se mais tarde para Gdańsk, em engenharia naval.

Em 1951, sua mãe Wilhelmina morreu de câncer. Também em 1951, seu pai Wiktor ficou sabendo através de seu vizinho (integrante do partido comunista, mas, bom amigo) que seria enviado para *Krzywy Róg* na Ucrânia, onde os soviéticos mantinham um campo de extermínio e fuzilavam todos os prisioneiros assim que chegassem. Seria sequestrado naquela mesma noite. Os stalinistas eram piores que os nazistas em muitos aspectos. Era a política de prevenção a uma possível contra revolução comunista e todos os oficiais ou quem tivesse curso superior ou alguma possível influência para liderar o povo contra eles. Assassinavam a todos apenas por precaução. Wiktor era engenheiro de minas e diretor de minas de carvão, por isso foi considerado perigoso para o regime dito comunista de domínio soviético.

Wiktor pegou todas as plantas que tinha de todas as minas de carvão da Polônia e tomou o primeiro trem para Poznań para seguir direto para Berlim, antes que os agentes comunistas fossem até a sua casa para pegá-lo. Lá conseguiu vender as plantas aos americanos. Em seguida pediu visto para os Estados Unidos, Austrália e Brasil.

Como o Brasil foi o primeiro a conceder este visto, tomou um trem para Frankfurt am Main e veio parar neste país tomando um avião de Frankfurt. Para dificultar sua identificação, declarou que seu nome era Wiktor Wijnen Gastan Felix Sielawa. Na Europa, os documentos só traziam o sobrenome e nome. A declaração dos nomes adicionais nem sequer teve que ser comprovada, apesar dos nomes do meio não serem tipicamente poloneses. Usou propositadamente nomes assim para se proteger. A intenção era de dificultar sua identificação.

Chegada de Wiktor Sielawa ao Brasil

Ao chegar em São Paulo, registrou-se como imigrante. Abaixo está seu registro, atualmente em posse do museu do imigrante, bairro do Brás, São Paulo.

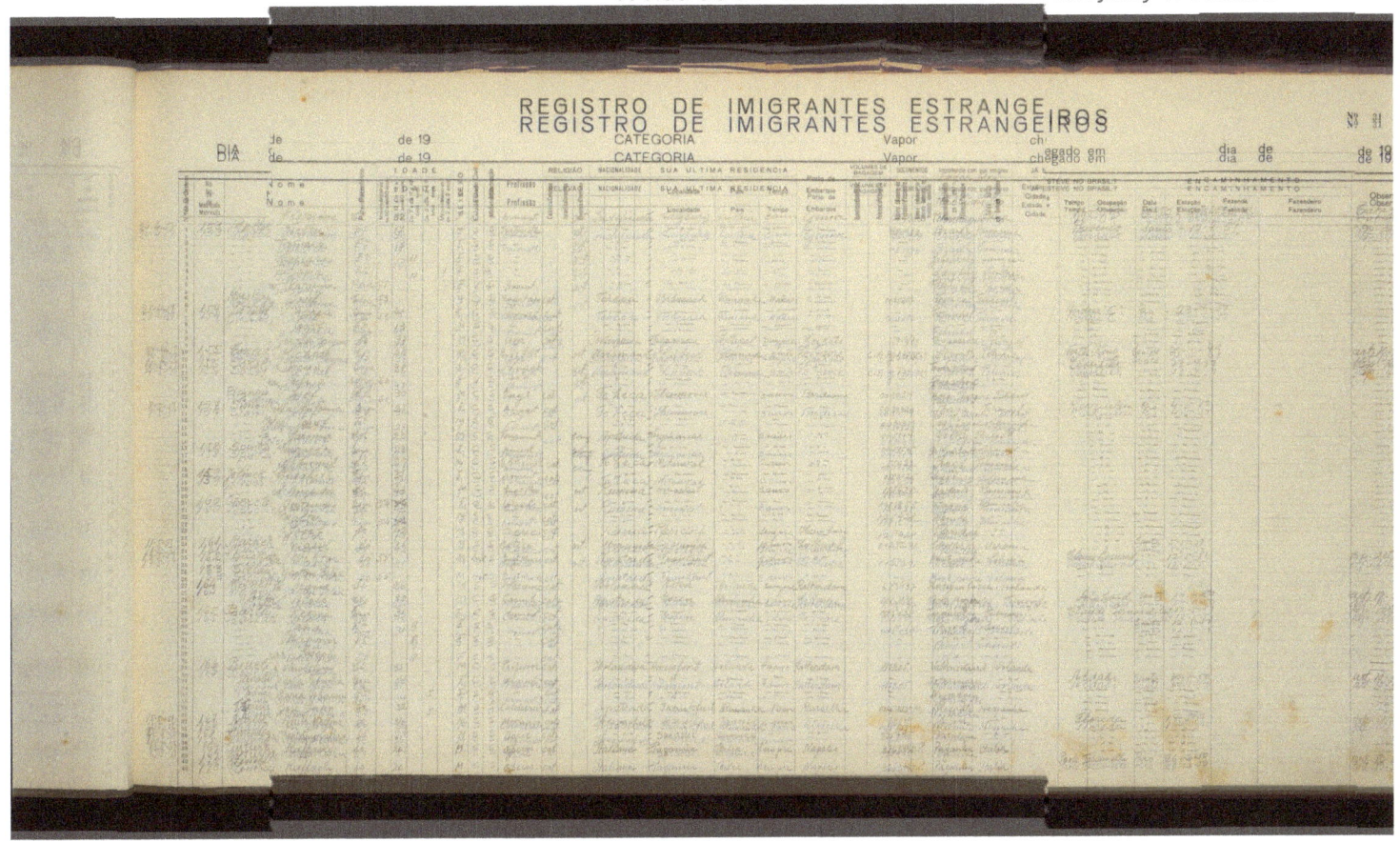

Imagem do documento da chegada de Wiktor Sielawa a São Paulo

Link da imagem extraída:

www.inci.org.br/acervodigital/upload/livros/pdfs/L164_031.pdf

Imagens do mesmo documento ampliado, mostrando apenas as partes significativas do registro:

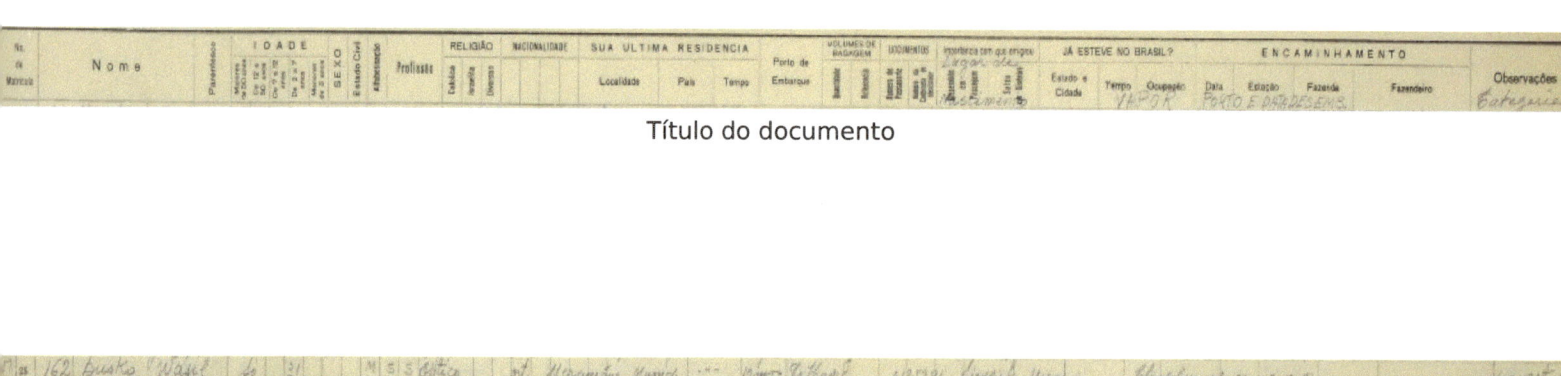

Título do documento

Registro de entrada

Registro de entrada ampliado

Detalhe

Segue link que leva ao site do museu da imigração, registro de entrada de Wiktor Wijnen Gastan Felix Sielawa:

http://www.inci.org.br/acervodigital/pesquisageral.php?id=nomes&busca=SIELAWA

Acervo digital do Museu da Imigração do Estado de São Paulo

Fotos, cartões-postais e cartas
Mapas e plantas
Registros de matrículas
Requerimentos SACOP
Jornais
Listas de bordo

VAPOR

Nota Técnica

Essa documentação se encontra no Arquivo Público do Estado de São Paulo e a busca a ela pode ser realizada pelo sobrenome do imigrante. Feita a pesquisa, são dadas informações referentes à data de chegada do imigrante à hospedaria, sua idade, nacionalidade e parentesco. Apresenta ainda o número do livro e a página em que consta seu registro, a qual está disponível para ser visualizada em formato digital.

Devido às dimensões e ao estado de conservação dos Livros de Registro do Memorial do Imigrante, e a fim de garantir o manuseio seguro deste material, a digitalização foi realizada com o scanner planetário Zeutschel OK300, único no Arquivo com capacidade de capturar imagens de encadernados até o tamanho A1. Todavia, apesar de atender aos padrões de qualidade exercidos no Arquivo, o equipamento não produz imagens digitais coloridas. Dessa forma, setenta e quatro livros de Registro de Imigrantes foram digitalizados no formato TIFF com resolução de 300
DPI´s, em escala 1:1 e em tons de cinza. Dois livros não puderam ser digitalizados por estarem deteriorados, fato que impossibilita o seu manuseio.

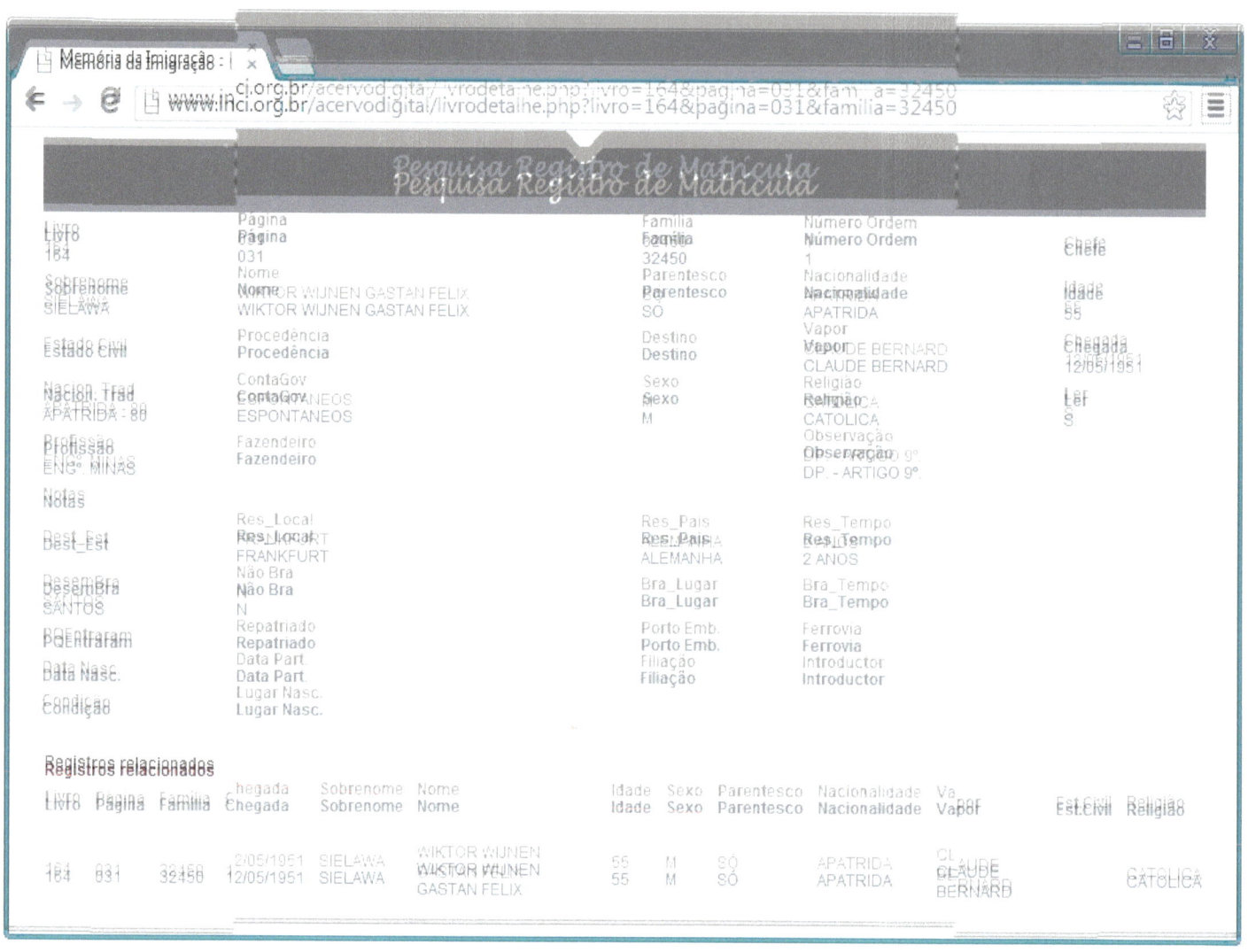

http://www.inci.org.br/acervodigital/livrodetalhe.php?livro=164&pagina=031&familia=32450

Necessidade de saída de Jerzy Sielawa da Polônia

Jerzy era casado nesta época com Jadwiga Anna Sielawa (de família Seroczak) e tinha os filhos Władysław e Maria. Devido à fuga do pai, foi preso, mas, permaneceu assim por apenas uma semana. Mesmo assim, não lhe foi permitido concluir o semestre que faltava para obter o diploma de engenheiro naval.

Música *Georgia on my mind*. Reprodução da música de Sielawa com sua própria letra. Ele compunha e tocava para sobreviver após a fuga de seu pai.

Com a fuga do pai, Sielawa foi preso e expulso da universidade. Tocava piano e compunha para sobreviver.

Vinda de Jerzy Sielawa ao Brasil

Em 1959, Wiktor já estabelecido em São Paulo, trabalhando para a empresa de mineração francesa Plumbum, comprou passagens de turismo para seu filho para o Brasil. Este se estabeleceu em São José dos Campos, São Paulo, como professor do ITA (Instituto Técnico da Aeronáutica, atualmente Instituto Técnico Aeroespacial), mesmo sem ter concluído a engenharia e foi assistente do professor chinês Feng. Como este tinha dificuldades para se comunicar em português e nem mesmo era entendido pelos alunos em Inglês, Jerzy que já havia rapidamente aprendido português, refazia as aulas dele.

Em 1960, Jerzy e Wiktor compraram passagem de navio para Jadwiga, Władysław (3 anos) e Maria (1 ano), reagrupando toda a família. A dificuldade extrema para sair de um país comunista ainda não havia se consolidado devido ao caos remanescente do pós-guerra e por falta de tecnologia necessária para um controle mais aprimorado.

Entrada do CTA em 1980

H22A 105, residência de Sielawa

Bolsa de estudos nos Estados Unidos

Graças ao seu destaque como professor, o CTA (Centro Técnico da Aeronáutica, atualmente Centro Técnico Aeroespacial), em 1966 concedeu-lhe uma bolsa de três anos para mestrado na Universidade de Michigan, cidade de Ann Arbor. Estando lá, acompanhado de toda a família, dedicou-se com todo afinco a terminar o semestre que faltava para completar o curso superior e o mestrado e conseguiu fazê-lo em dois anos com louvor e obteve mais uma bolsa de estudos da universidade. Dessa forma, iniciou o doutoramento e ao completar os três anos exigidos, voltou para o Brasil, pedindo para dar prosseguimento aos estudos, porque já havia iniciado a nova fase e estava no meio de terminar seu doutoramento em ciências aerespaciais. A extensão de prazo foi concedida e em mais um ano (1969, mas permaneceu até 1970 para cumprir os trâmites burocráticos necessários). Concluiu o doutoramento com louvor, com as notas mais

Auditório do ITA onde Sielawa recebeu a medalha de 50 anos do ITA por ter sido chefe de pós-graduação

altas de toda a universidade naquele período, apesar dos seus 40 anos de idade.

Retorno ao Brasil já como Doutor

Com este resultado e o título de doutor em ciências aeroespaciais, foi convidado por diversas empresas, inclusive a NASA, a permanecer nos Estados Unidos com a garantia de emprego. Diferentemente da maioria dos brasileiros que também tiveram a mesma oportunidade para permanecer nos EUA, resolveu cumprir o contrato que tinha com o Brasil de permanecer no país, repassando o conhecimento a outros brasileiros para o progresso científico nacional. Em 1970, apesar do baixo salário pago na época para professores universitários, destacou-se como professor, sendo sempre escolhido como professor do ano e o mais assediado para orientador de teses de mestrado e doutoramento. Por essas características, foi promovido a chefe de pós-graduação e vice-reitor do ITA. Durante sua vida, tornou-se o recordista brasileiro e latino-americano em quantidade de orientações de tese de mestrado e doutoramento.

IAE

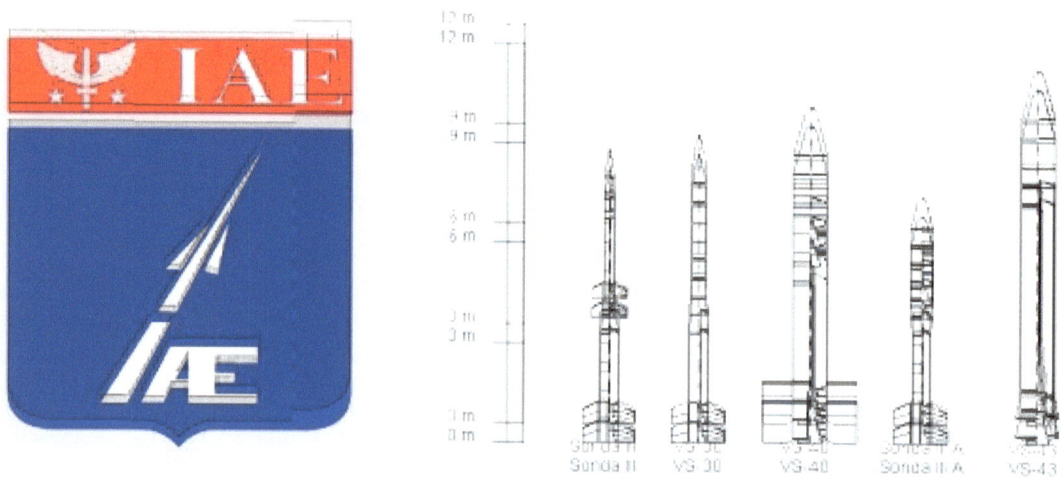

Escudo do IAE e foguetes projetados por eles

Com seu alto rendimento, o Centro Técnico Aeroespacial convidou-o a participar de projetos científicos expressivos em outros setores. Em particular, foi transferido para o IAE (Instituto de Atividades Espaciais) em 1974. Na época seu superior era o atualmente brigadeiro Reginaldo Santos. Este instituto foi criado com o intuito de promover o crescimento científico no Brasil em todas as áreas que representassem um avanço teórico e prático do conhecimento de ponta e pudesse ser aplicado na defesa do território ou tivesse aplicação industrial. As atividades de pesquisa e desenvolvimento no IAE se dariam principalmente nas áreas de Aerotermodinâmica e Hipersônica, Energia Nuclear, Física Aplicada, Fotônica e Geointeligência, com o suporte de oficinas mecânica e eletrônica sendo providas pela Divisão de Suporte Tecnológico, inclusive para promover o desenvolvimento da indústria aeronáutica que tinha a Embraer, criada por especialistas saídos principalmente do ITA, como beneficiária.

Em meados de 1970, a Direção do Centro Técnico Aeroespacial (CTA) resolveu criar, no então Instituto de Atividades Espaciais (IAE), a Divisão de Estudos Avançados, cujas atividades seriam orientadas, essencialmente, para tópicos avançados em desenvolvimento tecnológico e em ciência pura e aplicada. As atividades técnico-científicas da Divisão receberam um grande impulso, em 22 de agosto de 1977, quando foram inauguradas as instalações definitivas de sua sede.

https://pt.wikipedia.org/wiki/Instituto_de_Estudos_Avan%C3%A7ados

Sielawa, fazia parte então desta divisão que mais tarde se desmembrou e o instituto desmembrado recebeu o nome de IEAv (Instituto de Estudos Avançados), dentro do próprio CTA e ele permaneceu no IEAv.

IEAv

O IEAv adquiriu um endereço próprio, encostado, mas, fora do CTA, no km 5,5 da SP-99, também conhecida como rodovia dos Tamoios, que liga São José dos Campos a Caraguatatuba no litoral paulista. O pesquisador que liderou os trâmites para a criação deste instituto foi o coronel José Alberto Albano do Amarante.

IEAv desmembrado do CTA

A princípio, Sielawa participou de diversos destes projetos, onde o instituto tirou proveito de seus conhecimentos teóricos. Surgiu então um movimento forte para que o país obtivesse o conhecimento e autossuficiência no controle da energia nuclear. Em 1979, após gerenciar vários projetos no assunto, IEAv, através do coronel Amarante, decidiu que precisariam dominar e documentar o conhecimento da fissão nuclear (princípio da bomba atômica) e fusão nuclear (princípio da bomba de hidrogênio). Conhecimento básico já havia sido dominado, mas, os detalhes práticos ainda não lhes permitiam construir tais artefatos. E mesmo construindo uma bomba atômica, o que realmente interessava era uma explosão totalmente controlada para aproveitar a energia e não simplesmente liberar (explodir) toda a energia de uma só vez.

Sielawa espião para o Brasil

Sielawa recebeu, nesta época, a proposta do coronel Amarante para ir ao único lugar no mundo onde todos estes conceitos estavam disponíveis a todos que quisessem tirar proveito deles, isto é, na biblioteca pública da Holanda. Era uma proposta perigosa porque na época países que se coligavam política e tecnicamente, sempre desconfiavam uns dos outros. Era o auge da famosa guerra fria. O risco que Sielawa corria era o de ser considerado espião e assim ficar preso, possivelmente torturado ou executado por qualquer potência envolvida nestes conhecimentos.

O risco foi mitigado providenciando ao Sielawa um passaporte vermelho, isto é, diplomático. Se fosse pego, simplesmente seria expulso do país, mas, sua integridade ainda corria risco, mesmo que menor.

De posse desse passaporte, partiu para Amsterdam com seu livro de anotações e uma minicâmera fotográfica, típica de um espião naquela época.

Sabendo que os livros que seriam necessários estudar estavam naquela biblioteca, passou a pesquisá-los. Os livros não poderiam sair da biblioteca, então era necessário anotar tudo que fosse mais importante e bater as fotografias, de preferência de forma discreta e sem ser notado para não criar alarde.

Após poucas semanas, deu tudo certo, sem qualquer complicação.

Sielawa retornou ao Brasil com toda a informação necessária. Sua missão agora seria estudar profundamente todo o conteúdo, com outros especialistas, e documentar estas informações de forma bastante organizada para repassar a alunos que fariam parte do projeto de energia atômica para o Brasil.

Multiplicado internamente este conhecimento e com tudo bem documentado, foi possível partir para a próxima etapa, já sob a responsabilidade de outros profissionais, a de construir as usinas atômicas de Angra dos Reis, Angra I, Angra II e Angra III.

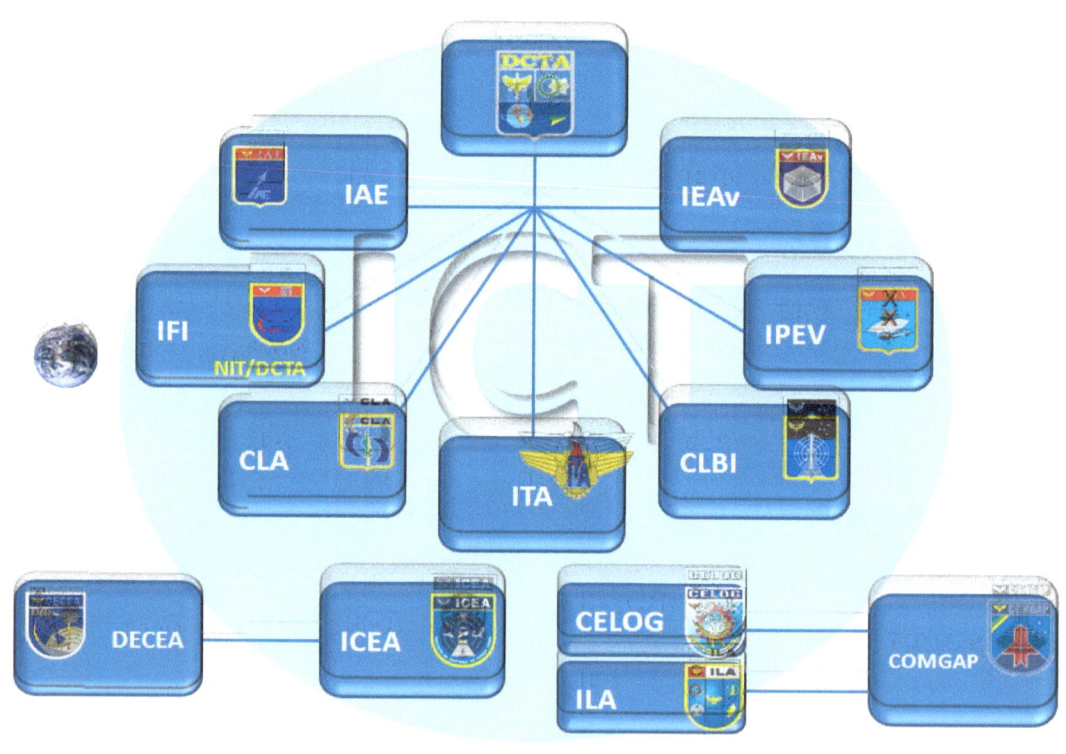

Departamentos envolvendo IEAv e CTA e suas divisões

José Alberto Albano do Amarante

Coronel José Alberto Albano do Amarante foi o fundador responsável do IEAv.

Extraído de:
http://www.aeitaonline.com.br/wiki/index.php?title=Jos%C3%A9_Alberto_Albano_do_Amarante

AEITA é uma associação de alunos, ex-alunos e professores do ITA. É gerenciada por ex-alunos.

Nasceu no dia 13 de Novembro de 1935 em Campo Grande, atual Mato Grosso do Sul. A sua vocação para a aviação levou-o, aos quinze anos, a ingressar na Escola Preparatória de Cadetes do Ar (EPCAr), que se constituiu no marco inicial de uma brilhante carreira na Aeronáutica.

Oficial da Aeronáutica, graduou-se Cum laude em Engenharia Eletrônica no ITA em 1966.

M.Sc pela Caltech - California Institute of Technology em 1971.

Ph.D em Física pela Unicamp - Universidade Estadual de Campinas em 1973.

Após ter ocupado funções importantes em órgãos da Aeronáutica, o então Major-Aviador José Alberto Albano do Amarante assumiu, em 1972, a função de assessor científico do Instituto de Atividades Espaciais (IAE), do Centro Técnico Aeroespacial (CTA).

Embasado por um espírito fortemente nacionalista e por uma compreensão da ciência como um importante instrumento para o desenvolvimento nacional, José Alberto Albano do Amarante liderou as primeiras discussões, em 1972, sobre a formação de um grupo de pesquisa que pudesse desenvolver, no Brasil, um processo, novo no mundo inteiro, de separação de isótopos de urânio por lasers, que era uma alternativa inteiramente nacional ao processo jet nozzle oferecido pelos alemães como parte do que se constituiria no Acordo Nuclear Brasil-Alemanha.

Em 1974, é celebrado um importante Convênio entre o então Centro Técnico Aeroespacial (CTA) e a Comissão Nacional de Energia Nuclear (CNEN). Esse Convênio, que teve José Alberto Albano do Amarante como um dos seus mais dedicados mentores, contemplava a execução de várias atividades de pesquisa e desenvolvimento nucleares e a formação de pesquisadores altamente qualificados, que foram o cerne do Programa Autônomo de Tecnologia Nuclear, o qual levou o Brasil a um alto grau de independência tecnológica nessa área.

Além de cientista renomado, o que o levou a produzir trabalhos técnicos da mais alta qualidade, José Alberto Albano do Amarante era possuidor de uma sólida visão estratégica, cujo alvo principal sempre foi o estabelecimento de uma tecnologia autóctone capaz de atender, a médio e a longo prazo, as exigências nacionais no campo aeroespacial e em outros campos de igual importância para o Brasil. Foi dessa visão estratégica que nasceu a idéia da criação de um instituto de estudos que congregasse pesquisadores de alto nível para dar suporte científico aos demais Institutos do CTA e, sobretudo, trabalhar em temas na fronteira do conhecimento.

Em 1978, foram iniciados os trabalhos de limpeza e terraplenagem do terreno localizado no km 5,5 da Rodovia dos Tamoios, com uma área de aproximadamente 50 hectares, local escolhido pelo Coronel Aviador José Alberto Albano do Amarante para a construção do que viria a ser o Instituto de Estudos Avançados (IEAv).

Em setembro de 1981, ele foi atacado por uma leucemia galopante: morreu em dez dias. Sua morte passou a ser investigada pela Aeronáutica: teria sido contaminado de propósito por radiação.

Faleceu em 3 de Outubro de 1981.

Sua morte prematura não impediu que o ritmo das obras fosse mantido e, em 2 de junho de 1982, o Presidente da República, João Baptista Figueiredo, assinava o Decreto nº 87.247, criando o Instituto de Estudos Avançados.

O coronel Amarante, ao tentar trazer divisas para o Brasil, envolveu-se em trama internacional que lhe custou a vida: Ao permitir que o país vendesse *yellow cake* para o Iraque, isto é, urânio não enriquecido, matéria-prima na construção de uma bomba atômica, material abundante na amazônia brasileira, despertou interesses dos Israelenses que eram absolutamente contrários. Sem propor qualquer discussão de cúpula política, simplesmente instalaram uma base do Mossad no hotel Eldorado de São José dos Campos, ocupando os andares superiores e tramaram o assassinato do coronel. O *yellow cake* sozinho não provoca a explosão nuclear, mas, é o primeiro passo para desenvolver a arma nuclear.

Assim que ficaram sabendo de sua viagem para o exterior, avisaram seus agentes que instalaram material radiativo, ao que tudo indica césio 137, material de fácil acesso, disponível em qualquer máquina de raios-X, que em menos de duas semanas após a exposição enquanto permanecia num hotel, matou o coronel de leucemia galopante.

Houve grande alarde entre os militares do CTA, todos os telefones foram grampeados e a investigação foi conclusiva. Mas, por medo, os militares preferiram calar-se.

Tentei entrevistar familiares de José Amarante, mas, eles se negaram em falar, provavelmente por medo do fato ocorrido, mesmo que há décadas, principalmente por serem também militares.

Anos depois, encontrei-me por acaso com um militar que havia participado das investigações. Estava trabalhando como aposentado e chefe de segurança de uma das empresas grandes do porto de Santos. Quando mencionei que uma carga de um cargueiro era muito parecida com *yellow cake*, começamos um diálogo onde ele contou que era militar da aeronáutica na época e se lembrava do trauma pelo qual os militares passaram com o assassinato do coronel Amarante. Se lembrava perfeitamente de Jerzy Sielawa e de José Amarante. Isso me deixou feliz porque ainda temos testemunhas vivas do ocorrido. Como não sei quanto tempo ainda vamos durar, duvido que seja muito, pelo menos estou relatando tudo para que alguém se lembre dos verdadeiros heróis que tivemos.

Infelizmente, o governo prefere mantê-los no anonimato. Considero isso um ato de covardia.

Caso alguém lendo isso tenha mais informações de interesse que queira expôr, agradeceria o envio e faço questão de acrescentar a este trabalho.

As usinas termonucleares de Angra dos Reis

São conhecidas como termonucleares pois seu funcionamento é exatamente o de uma usina térmica, mas, a energia térmica não é obtida da queimas de combustíveis fósseis, mas sim, da explosão controlada de uma fissão nuclear do urânio, altamente energética, porém, radioativa. Para não poluir o ambiente de resíduos radioativos, é necessário um controle extremamente rígido. Se o controle for correto, a usina não poluirá.

Em 1985, após longo período de construção, teve início a operação comercial da Usina Angra 1, com 657 MW. O início da vida da usina foi marcado por diversos problemas, que levavam a constantes interrupções na operação. Houve mesmo longo litígio entre Furnas Centrais Elétricas, então operadora da usina e a Westinghouse, sua fornecedora. A partir de 1995, com a solução dos problemas técnicos e com o aprendizado das equipes de operação e manutenção, o desempenho da usina, medido pelo seu fator de capacidade, melhorou substancialmente.

Em 2000, entrou em operação a Usina Angra 2 com 1350 MW. Essa usina foi construída com tecnologia alemã Siemens/KWU, ainda no âmbito do Acordo Nuclear Brasil-Alemanha. Em seu primeiro ano de operação, Angra 2 atingiu um fator de capacidade de quase noventa por cento (2001).

Em 2010, foram produzidos, na Central Nuclear Almirante Álvaro Alberto, 14 415 Gigawatts.hora (GWh), correspondendo a três por cento do consumo de energia elétrica do Sistema Interligado Nacional.

De 1985, quando entrou em operação comercial a usina Angra 1, até 2005, a produção acumulada de energia das usinas nucleares Angra 1 e Angra 2 somam 100 000 GWh. Isso equivale à produção anual da usina hidrelétrica Itaipu Binacional ou ainda à iluminação do estádio Mário Filho por 150 000 anos.

Essa quantidade de energia seria suficiente para iluminar o Cristo Redentor por 1 800 000 de anos; a passarela Darcy Ribeiro por 28 900 anos, com os monumentos acesos doze horas por dia nos 365 dias do ano. A produção acumulada de energia das usinas nucleares brasileiras seria suficiente, ainda, para abastecer por mais de sessenta anos toda a iluminação pública da cidade do Rio de Janeiro ou o consumo do Estado do Rio durante três anos. Nos próximos seis ou sete anos, as duas usinas poderão repetir este número, gerando uma média de 15 000 Gigawatts.hora/ano.

A Central Nuclear Almirante Álvaro Alberto é operada pela Eletronuclear e gera 2 000 empregos diretos e cerca de 10 000 indiretos no Estado do Rio de Janeiro.

Operação:

As usinas operam normalmente a plena capacidade, ou seja, em cem por cento do tempo, sendo desligadas uma vez por ano para recarga do reator. As paradas para recarga duram cerca de trinta dias e, além da recarga, são feitos diversos testes nos sistemas normais e de segurança, além de manutenções programadas.

O despacho das usinas é comandado pelo ONS - Operador Nacional do Sistema Elétrico.

Extraído de:
https://pt.wikipedia.org/wiki/Central_Nuclear_Almirante_%C3%81lvaro_Alberto

Atualmente, na matriz de energia elétrica de 2018, a capacidade instalada de energia nuclear é de 2 000 000 kW que corresponde a 1,2% da energia elétrica produzida no país (de acordo com a Aneel). Não é uma percentagem muito grande, mas, o importante é possuir a tecnologia e quando for necessário, expandi-la. É uma energia considerada por alguns como altamente poluente, mas, se produzida de acordo com os devidos padrões, não polui, assim como a eólica e a solar. É necessário estocar os resíduos radiativos corretamente.

A energia hidráulica, que corresponde a 60,8% e que aparentemente não polui, na verdade devasta uma área enorme para ser construída. Só não polui após a construção. Outra desvantagem e de requerer grandes volumes de água e competir com reservatórios hídricos em épocas secas.

O programa nuclear brasileiro

https://pt.wikipedia.org/wiki/Programa_nuclear_brasileiro

Na década de 1980, a imprensa divulgou evidências da existência de dois grandes poços na base aérea da Serra do Cachimbo, no estado do Pará. Com isso, aumentaram as suspeitas sobre as atividades nucleares da Aeronáutica, pois os poços possivelmente teriam sido feitos para testes de explosivos nucleares.

Pessoas encarregadas do programa nuclear secreto tentaram obter acesso à tecnologia e materiais no mercado internacional. No final dos anos 70, em meio à escassez de petróleo no Brasil, o Iraque ofereceu fornecimento deste por um preço reduzido, em troca de 80 toneladas de urânio brasileiro. Depoimentos orais indicam que o Brasil aceitou a oferta e estabeleceu um acordo com o Iraque. No entanto, a exportação de urânio foi interrompida quando a Guerra Irã-Iraque se intensificou, antes que o Brasil fornecesse um quarto da quantidade prevista.

Obviamente este episódio retratado na Wikipédia se refere às consequências do assassinato do coronel Amarante.

O professor Jerzy Tadeusz Sielawa foi o responsável pelo cálculo da profundidade que a Petrobras deveria perfurar o poço para executar os testes. O então presidente que mais tarde renunciaria para evitar um processo, preferiu mandar tampar o buraco.

Dr. Prof. Jerzy T. Sielawa no Instituto Nacional de Pesquisas Espaciais - INPE

Após a desaceleração em pesquisas na área nuclear pelo IEAv, em 1981 este foi convidado a trabalhar no então Instituto de Pesquisas Espaciais, atualmente Instituto Nacional de Pesquisas Espaciais, de cara como diretor adjunto.

Devido ao conhecimento da tradição brasileira de atraso para os comparecimentos em reuniões, além das tradicionalíssimas perguntas de como vai a esposa, e as crianças e demais perguntas do gênero, Sielawa marcou uma reunião para as 8 horas da manhã com seus gerentes. Era o início do expediente. Às 8 horas e 1 minuto pediu a secretária que trancasse a porta. Apenas três gerentes se encontravam no recinto enquanto que a maioria não havia chegado. Começou a reunião assim mesmo, deixando os demais sem entrada ao recinto. Falou o óbvio, isto é, que 8 horas não é outra hora senão 8h. Não havia para que marcar o horário se não fosse para cumpri-lo. E continuou com a pauta. Os demais precisaram se informar sobre o conteúdo da reunião com quem estava presente.

Depois que os pesquisadores perceberam seu estilo, nunca mais se atrasaram.

O INPE, como instituto de pesquisas de ponta, além de projetos práticos como previsão de tempo, desenvolvimento de sistemas científicos, construção do primeiro satélite artificial totalmente brasileiro para fins meteorológicos, controle de queimadas no Brasil (principalmente na amazônia), sensoreamento remoto em geral, observatórios de astrofísica, cooperação internacional, também fomenta estímulos à pesquisa e instrumentação, além de outros assuntos.

Entrada atual do INPE

O INPE já fez parte do CTA. Atualmente, apesar de estar localizado nas mesmas coordenadas, desligou-se do CTA e abriu uma entrada no endereço:

INPE São José dos Campos (SP)
Sede Principal - São José dos Campos
http://www.inpe.br/
Caixa Postal: 515
Av. dos Astronautas, 1758
Jardim da Granja   CEP: 12227-010

Também tem várias filiais pelo Brasil, inclusive onde Sielawa trabalhou por último:

INPE Cachoeira Paulista (SP)
Unidade Regional de Cachoeira Paulista - URC
http://www.inpe.br/urc/
Caixa Postal: 01
Rodovia Presidente Dutra, km 40 SP/RJ   CEP: 12630-970

Participações mais significativas do Dr. Prof. Jerzy Sielawa em projetos e política

Acordo com a China:

A assinatura do acordo de cooperação espacial com o governo chinês se deu em 1988, mas, desde a chegada de Sielawa ao INPE, tratou das negociações envolvendo assuntos tecnológicos entre os dois países. Os chineses estavam mais avançados em assuntos aeroespaciais, principalmente no ambiente fora da atmosfera terrestre, enquanto o Brasil levava vantagem no conhecimento envolvendo eletrônica. Os chineses deveriam transferir seus conhecimentos para os brasileiros, enquanto que os brasileiros transfeririam o que dominavam para os chineses. Eles enviaram equipes de especialistas para São José dos Campos para aprenderem tudo que fosse necessário e os brasileiros sempre colaboraram com muito boa vontade. De acordo com o Dr. Sielawa, a recíproca não foi verdadeira. Os chineses nitidamente esconderam o conhecimento que dominavam ao máximo e no final do acordo deixaram de repassar muitos pontos vitais ao desenvolvimento que haviam sido acordados. Mais adiante é descrito o histórico da parceria entre o Brasil e a China na cooperação espacial.

Corrupção:

A Alstom, empresa de engenharia francesa que atua nos mais diversos ramos de engenharia, havia sido contratada para fornecer *boosters* ao INPE para o desenvolvimento de seus foguetes que seriam produzidos no Brasil, para levam ao espaço, satélites geoestacionários em missão de transmitir dados para análise de sensoreamento remoto.

Boosters são as partes mais caras de foguetes. São onde ocorrem as explosões que levantam estes foguetes para iniciar suas trajetórias rumo ao espaço. Geralmente são descartados logo após seu uso, voltando a cair no chão ou na água quando já executaram suas funções e deixam de ter utilidade.

Tanto o foguete quanto o satélite foram projetados e fabricados no Brasil, pelo INPE.

A Alston é famosa no Brasil por ter se envolvido em muitos casos de corrupção, principalmente na construção do metrô de São Paulo nos governos do PSDB, que a levou a fazer um acordo de leniência vultoso para poder prosseguir cumprindo contratos no Brasil.

Num determinado dia, durante uma reunião técnica entre o INPE e a Alston, Sielawa se deparou com uma situação estranha: O representante da Alston perguntou como seriam resolvidos os cinco porcento. Sielawa respondeu que não sabia do que se tratava e prosseguiu com a reunião. Aparentemente tudo seguia de forma normal até que o mesmo representante voltou a insistir nos 5%. Sielawa disse a ele que desconhecia do fato e pediu para que procurasse alguém outro.

Obviamente, tal atitude faz qualquer um desconfiar de algo, até mesmo alguém ingênuo nestes assunto como é um cientista típico. Resolveu então falar em Brasília com o ministro da Ciência e Tecnologia (MCT) que atendia o INPE. Marcou para a semana seguinte e foi falar pessoalmente com o ministro. Foi bem atendido, explicou do que se tratava e o ministro prometeu tomar providências.

Levou apenas mais uma semana. Em seguida, Dr. Prof. Jerzy Sielawa ficou sabendo que estava destituído do cargo. Voltou a ser apenas um pesquisador sênior e transferido para a unidade de Cachoeira Paulista.

Márcio Barbosa, filho de alto funcionário do SNI (SERVIÇO NACIONAL DE INFORMAÇÕES), cargo de gerente no INPE, encarregado dos contatos diretos com a Alston, tornou-se diretor do INPE em seguida. E permaneceu por mais onze anos. Márcio não havia sido convocado para participar da reunião técnica com a Alston por não ter perfil apropriado.

A reportagem que trouxe o evento à tona foi da revista Comercial Santana, com a repórter Maria Claudia Araujo (PhD), em sua edição 22 de janeiro de 2000.

Segue a reprodução desta reportagem:

A vida de um cientista brasileiro: Dr. Prof. Jerzy T. Sielawa

CORRUPÇÃO

Comercial Santana denuncia INPE ao Ministério Público

A Revista Comercial Santana entregou uma denúncia contra o INPE (Instituto Nacional de Pesquisas Espaciais) ao Ministério Público Federal, no início do mês. Os documentos apresentados têm por origem o depoimento de um cientista da instituição, doutor Jerzy Sielawa, de 70 anos, servidor aposentado e professor em Cachoeira Paulista. Em sua condição de diretor associado da Tecnologia Espacial, na sede do INPE de São José dos Campos em 1985, ele diz ter presenciado uma cena de corrupção referente ao 'Contrato de Prestação de Serviços Especializados' firmado entre o Brasil e a França.

"Presidi uma reunião, na qual os franceses me perguntaram abertamente se precisariam mesmo pagar determinada propina que a eles foi condicionada para fechar o contrato, mas fizeram o comentário com a pessoa errada, pois eu não estava sabendo do que se tratava e jamais poderia imaginar que algum diretor teria lhes proposto uma porcentagem ilegal, referente a 5% da transação", delata.

Ponderado, Sielawa não se recusou a apontar as irregularidades que teriam acontecido na época de sua gestão, mas preferiu não citar o nome da empresa francesa que estaria negociando o contrato, alegando não ter provas para fazer uma acusação. "Após tomar conhecimento da tramitação irregular levei o caso aos meus superiores, o caso chegou até Brasília, mas estagnou-se por lá. As minhas providências já foram tomadas na época, agora não tenho a pretensão de fazer denúncia, até porque não tenho condições de apresentar provas. Ou você acha que os corruptos emitem nota fiscal ou recibo de suas propinas?", questiona.

Apesar da limitação da fonte, o procurador da República, doutor Adilson Paulo Prudente do Amaral Filho, entendeu que a denúncia é ponto de partida para um procedimento investigatório, considerando que a Revista Comercial Santana também apresentou à procuradoria um documento impresso pelo INPE, de 1985, referente à cooperação internacional firmada entre o INPE e o grupo francês "Société Nacionale Industrielle Aeroespatiale', em apoio às atividades da MECB (Missão Espacial Completa Brasileira).

Segundo o procurador, o Ministério Público Federal tem o prazo máximo de um ano para investigar o caso, fazer a oitiva das testemunhas e encaminhar um requerimento ao poder judiciário. O regime de urgência das investigações deve-se à ameaça da prescrição, que no caso de corrupção passiva estabelece pena de reclusão de 1 a 8 anos. A base de cálculo para a pena máxima de 8 anos, prescreve o caso em 16. Como já se passaram 15 anos, a Procuradoria da República ainda tem tempo para colher maiores dados e formalizar o processo.

Na opinião de Amaral Filho, existe a possibilidade de que o poder judiciário peça a quebra de sigilo bancário dos diretores associados envolvidos com o contrato. O Ministério Público Federal tem ainda o recurso de pedir auxílio ao TCU (Tribunal de Contas da União) e Ministério da Ciência e Tecnologia, cabendo ao primeiro fazer um levantamento de todos os contratos da instituição, e ao segundo promover uma auditoria.

Segundo o procurador, além do inquérito policial o Ministério Público deverá instaurar também um inquérito de caráter civil público, considerando que há indícios de improbidade administrativa no INPE. "Acredito que o inquérito civil público possa reverter resultados ainda maiores do que no campo penal. Nossa meta a partir de agora é apurar os fatos e responsabilizar os eventuais culpados", conclui.

COOPERAÇÃO INTERNACIONAL

O INPE deverá lançar até o final de 2001 o Microssatélite Franco Brasileiro, feito em parceria com a França. O custo do projeto é de US$ 10 milhões, cabendo 50% a cada país. Segundo a assessoria de imprensa da instituição, o convênio com a agência espacial francesa CNES (Centre Nationale d' Etudes Spatiales) foi firmado em 1996.

A missão do satélite já foi aprovada, ele levará cinco experimentos científicos fornecidos pelo Brasil, quatro pela França e será acoplado ao VLS-3 (Veículo Lançador de Satélite) do CTA (Centro Técnico Aeroespacial).

Segundo o gerente de microssatélites, doutor Himilcon de Castro, as empresas francesas que prestarão serviços ao projeto ainda não foram definidas pela CNES.

O grupo francês 'Société Nacionale Industrielle Aeroespatiale' é um dos maiores do setor de aeronáutica a nível mundial, nos âmbitos civil e militar, e conta com três divisões: Aeronáutica, Helicópteros e Espaço-defesa.

> "Os franceses me perguntaram se precisariam mesmo pagar a propina a eles condicionada para fechar o contrato com o INPE"

Adilson Paulo Prudente do Amaral Filho, procurador da República

Reportagem da Folha de São Paulo

https://www1.folha.uol.com.br/fsp/vale/v2801200001.htm

São José dos Campos, Sexta-feira, 28 de Janeiro de 2000

FOLHA DE S.PAULO vale

TECNOLOGIA

Ex-diretor do órgão acusa o instituto de ter pedido propina em contrato com empresa da França

Procuradoria apura contrato do Inpe

Claudio Capucho

O procurador da República de São José dos Campos, Adilson Paulo Prudente do Amaral Filho, durante entrevista em seu gabinete

JOSÉ ERNESTO CREDENDIO
editor-assistente interino da Folha Vale

A Procuradoria da República de São José dos Campos está investigando a denúncia de corrupção em um contrato realizado entre o o Inpe (Instituto Nacional de Pesquisas Espaciais) e uma empresa francesa, há 15 anos.

O contrato colocado sob suspeita por um ex-diretor do Inpe envolve a compra de equipamentos e a prestação de serviços para o programa espacial brasileiro.

Até ontem à noite, não havia informações a respeito dos valores e se o contrato ainda está em vigor.

A denúncia foi relatada pelo polonês naturalizado brasileiro Jerzy Sielawa, 70, que na época da negociação ocupava o cargo de diretor associado na área de tecnologia espacial do Inpe.

O relato foi encaminhado no início do mês ao procurador da República Adilson Paulo Prudente do Amaral Filho.

Além do relato, a Procuradoria da República recebeu cópia de um impresso do Inpe, de 1985, a respeito de um contrato de cooperação internacional firmado com franceses.

O contrato, que envolve um grupo francês, foi realizado para o apoio à MECB (Missão Espacial Completa Brasileira).

Amaral Filho afirmou ontem que a denúncia foi recebida e distribuída ao procurador José Guilherme Ferraz da Costa: "Se for isso que realmente ocorreu, o fato é muito grave, mas ainda não temos maiores detalhes", disse.

O procurador Ferraz da Costa não foi localizado ontem à noite para falar sobre o andamento das investigações.

A Folha apurou com o Inpe e com o ex-diretor Sielawa que ninguém foi chamado a prestar depoimento sobre o caso.

O diretor do Inpe, Márcio Barbosa, disse ontem que vai apurar o caso.

Porcentagem

Sielawa afirmou ter ouvido dos franceses envolvidos na negociação que os diretores do Inpe na época exigiam o pagamento de 5% do valor do contrato para que o negócio fosse realizado.

Segundo Sielawa, os franceses perguntaram se, para que o contrato *fosse firmado, seria necessário o pagamento da propina.*

"O contrato tinha de passar por mim. Eu disse que não precisava disso", afirmou.

Na versão do denunciante, diretores do Inpe estariam dispostos a exigir o pagamento da propina, o que não teria sido aceito pelos franceses.

O denunciante afirmou à Folha não ter condições de afirmar se o negócio foi levado à frente.

"Um ano depois, fui trabalhar no Missouri (EUA). Perdi o contato com o Inpe", disse.

Sielawa afirmou ter levado o caso ao então diretor do Inpe, Marco Antonio Raupp, que ficou no cargo até 1989.

Procurado ontem, Raupp estava vindo de Petrópolis (RJ) para São José dos Campos e, segundo sua mulher, mantinha desligado o telefone celular.

Raupp só chegaria a São José por volta das 23h30, após o fechamento desta edição.

Sielawa disse não poder garantir se houve propina ou não. "Pelo que sei, não. Mas coisas desse tipo figuram no contrato?", questionou.

Prazos
Segundo o procurador Amaral Filho, o prazo para a conclusão das investigações é de um ano.

Se a investigação não for concluída pela Procuradoria e a oferta da denúncia da Justiça não ocorrer até lá, o crime, de corrupção passiva, vai prescrever.

Isso porque, como a pena para esse tipo de delito é de oito anos, a pena deixa de ser aplicada após ter passado o dobro do tempo.

Fim da reportagem.

Volta aos Estados Unidos

Sielawa pediu licença não remunerada por alguns anos e foi trabalhar como professor na Universidade de Missouri, cidade de Rolla, e na universidade de Nova Yorque, na cidade de Buffalo, retornando mais tarde como pesquisador no INPE. Com a licença não remunerada deixou as portas abertas para eventual retorno, que realmente veio a acontecer mais tarde.

A investigação acabou não prosseguindo por falta de provas aceitáveis na justiça. Nestes casos, provas testemunhais e em volume juridicamente não suficiente não costumam prosperar na "justiça" brasileira.

Em 2000, aos 70 anos, teve que se aposentar compulsoriamente por idade. Pediu para permanecer trabalhando em troca de uma sala, telefone e computador. O INPE acatou seu pedido e mesmo já tendo sido o professor que mais orientou teses de mestrado e doutoramento no Brasil, ainda teve tempo de orientar mais diversas teses.

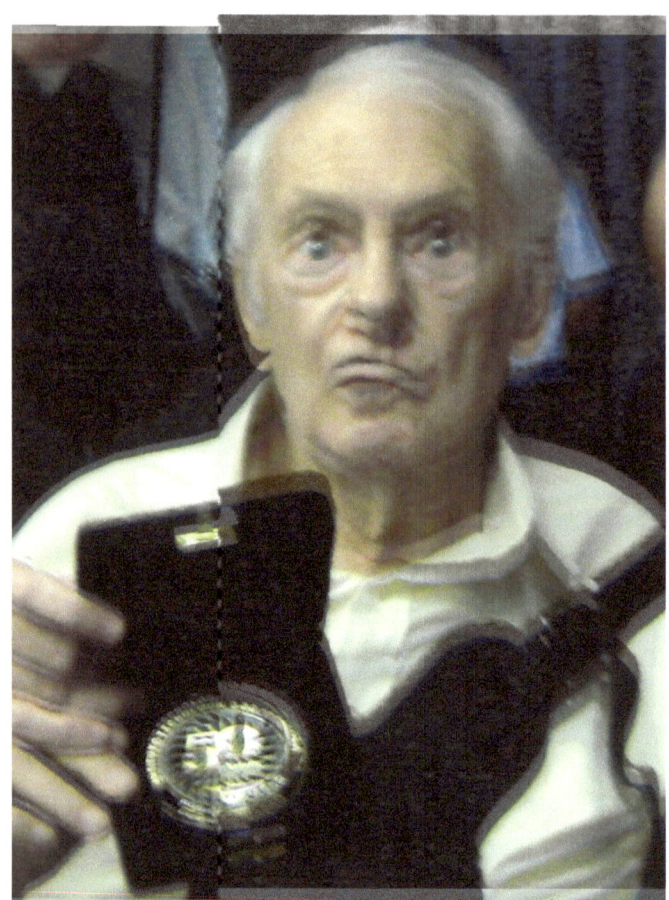 

Dr. Prof. Sielawa recebendo medalha de 50 anos do ITA por ter sido chefe de pós graduação.

O brasão Sielawa, desde o século XV, significa cruzar fronteiras e conquistar novos territórios com tripla bravura.

Faleceu devido a complicações provocadas pela idade em 19 de março 2013.

História do INPE

A origem do INPE na corrida espacial

O INPE surgiu no início dos anos 1960, motivado pelas expectativas que se criaram em torno das primeiras conquistas espaciais obtidas pela União Soviética e pelos Estados Unidos. Em 1957, os soviéticos lançaram o primeiro satélite ao espaço, o Sputnik. Um ano depois, foi a vez de os Estados Unidos colocarem o Explorer em órbita da Terra. Na época, dois alunos de engenharia do Instituto Tecnológico de Aeronáutica (ITA), Fernando de Mendonça e Júlio Alberto de Morais Coutinho, com a colaboração do Laboratório de Pesquisa Naval da Marinha dos Estados Unidos, construíram uma estação de rastreio, com a qual conseguiram captar os sinais dos dois satélites.

Sociedade Interplanetária Brasileira (SIB)

Em 1960, a Sociedade Interplanetária Brasileira (SIB) resolveu, durante a Reunião Interamericana de Pesquisas Espaciais, propor a criação de uma instituição civil de pesquisa espacial no país, e enviou uma carta ao então presidente da República, Jânio Quadros, sugerindo tal iniciativa.

Jânio Quadros condecora o cosmonauta soviético Yuri Gagarin

O ano de 1961 seria decisivo para o ingresso do Brasil na era espacial. Em maio desse ano, os Estados Unidos, em resposta aos intentos soviéticos - que um mês antes haviam colocado o primeiro homem, Yuri Gagarin, em órbita da Terra -, lançaram o Programa Apollo, reforçando o empenho que dariam ao seu programa espacial. Em discurso, o presidente John Kennedy afirmou que até o final daquela década um astronauta norte-americano pisaria o solo lunar, como efetivamente ocorreu, em 1969.

Jânio Quadros

Em agosto do mesmo ano, Jânio Quadros, entusiasmado com as iniciativas na área, assinou o decreto que criaria o Grupo de Organização da Comissão Nacional de Atividades Espaciais (GOCNAE), o embrião do que viria a ser o INPE, dando início às atividades espaciais no Brasil. As atribuições do GOCNAE eram: propor a política espacial brasileira em colaboração com o Ministério das Relações Exteriores; desenvolver o intercâmbio técnico-científico e a cooperação internacional; promover a formação de especialistas; realizar projetos de pesquisa; e coordenar e executar as atividades espaciais com a indústria brasileira.

Os primeiros anos de existência do GOCNAE ou CNAE, como passou a ser conhecido nos anos 1960, foram dedicados às ciências espaciais e atmosféricas, num momento em que a comunidade científica internacional intensificava as pesquisas nas áreas de geofísica, aeronomia e magnetismo, devido à reduzida atividade solar nos Anos Internacionais do Sol Calmo (1964 – 1965). O interesse externo na coleta de dados na faixa equatorial trouxe a oportunidade de o INPE se inserir na comunidade científica internacional.

Centro de Lançamento de Foguetes da Barreira do Inferno

As campanhas científicas em cooperação com outros países, além de gerar dados para a pesquisa, seriam fundamentais também à formação de especialistas. O INPE então propôs ao Ministério da Aeronáutica a construção de uma base de lançamento no Nordeste, para lançar foguetes com cargas úteis científicas. O Centro de Lançamento de Foguetes da Barreira do Inferno (CLFBI, que mais tarde seria denominado

CLBI), instalado no município de Natal (RN), foi inaugurado em 1965, com o lançamento de um Nike-Apache, foguete da National Aeronautics and Space Administration (NASA). Até 1970, foram lançados cerca de 230 foguetes estrangeiros e nacionais, através do projeto Sondagem Aeronômica com Foguetes (SAFO). Posteriormente, houve também cooperação com a agência espacial francesa, o Centre National d'Études Spatiales (CNES), que equipou o CLBI com uma moderna estação de rastreio e controle, em troca do uso do Centro.

Cooperação internacional: estímulo à pesquisa e instrumentação

As atividades científicas do início da década de 1960 permitiram que o Instituto recebesse, já em 1965, o Segundo Simpósio Internacional de Aeronomia Equatorial (SISEA), fruto das atividades em cooperação com a NASA. As campanhas em cooperação com a comunidade científica internacional passaram a ser uma estratégia para capacitar a pesquisa do INPE e equipes de instrumentação que apoiariam os experimentos de Ciência Espacial e Atmosférica. Em 1968, deu-se início às atividades de lançamento de balões estratosféricos com carga útil dedicada às pesquisas nas áreas de atmosfera, astrofísica e geofísica. Nesse ano foram lançados cerca de 130 balões para medidas de raios-X, na região da Anomalia Magnética do Atlântico Sul.

Entrada antiga do INPE, pelo CTA

INPE realiza em 1974, da 17ª Reunião do Comitê de Pesquisa Espacial

O crescimento natural das ciências espaciais levou à realização, no INPE, em 1974, da 17ª Reunião do Comitê de Pesquisa Espacial (COSPAR). No início dos anos 1980, o INPE engajou-se no então recém-criado Programa Antártico Brasileiro (PROANTAR), iniciando nessa região o desenvolvimento de pesquisas em geofísica, física da alta atmosfera, meteorologia, clima e oceanografia, atividades mantidas até hoje na Antártica. Em meados dos anos 1980, foi criado o Laboratório de Ozônio, que proporcionou grande visibilidade ao INPE quando a redução da camada de ozônio tornou-se de interesse público mundial.

As atividades experimentais sempre foram um ponto forte do INPE e, seguindo essa linha, na década de 1980, o Instituto participou do Experimento Troposfera Global na Camada Limite sobre a Atmosfera da Amazônia (GTE/ABLE), em colaboração com a NASA e outras organizações nacionais e estrangeiras. Em 1995, outro grande experimento foi realizado, o Smoke, Clouds, and Radiation-Brazil (SCAR-B), também em colaboração com a NASA.

INPE cria o programa de Clima Espacial

Em 2008, o INPE criou o programa de Clima Espacial (EMBRACE), com o objetivo de medir e modelar a interação Sol-Terra e seus efeitos no espaço próximo e na superfície do território brasileiro. As tempestades magnéticas e ionosféricas, geradas pela atividade solar, interferem nas atividades humanas ao impactarem as transmissões de dados de GPS, satélites, aviões e sistemas elétricos. Para tornar esse programa operacional, o INPE instalou uma infraestrutura de coleta de dados, modelagem e previsão de Clima Espacial. Como extensão dessa iniciativa, foi inaugurado o Laboratório Conjunto Brasil-China para Clima Espacial, em 2014, dando início aos trabalhos de criação de produtos computacionais destinados às aplicações de clima espacial.

Os desenvolvimentos alcançados pelas ciências espaciais e atmosféricas culminaram com a participação do INPE no projeto norte-americano LIGO para detecção de ondas gravitacionais. Em fevereiro de 2016, a colaboração LIGO comunicou a primeira medida direta de ondas gravitacionais, previstas teoricamente por Albert Einstein em 1916, e que se configurava num desafio experimental de um século. O INPE, até o momento, é a única instituição brasileira que mantém atividades experimentais em ondas gravitacionais.

O uso de dados de satélites como estímulo à pesquisa aplicada.

Radar, em Cachoeira Paulista (SP), para estudo de ventos (MESA)

Com a evolução dos satélites meteorológicos e de sensoriamento remoto na década de 1960, o Instituto ampliou suas áreas de atividade e *interesse científico. Dois grandes projetos foram criados com o objetivo de desenvolver pesquisas aplicadas a partir do uso de dados e imagens de satélites. Em 1966, foi criado o programa Meteorologia por Satélite (MESA), baseado na recepção de imagens meteorológicas de satélite da série Environmental Science Services Administration (ESSA), dos Estados Unidos, que passaria a ser denominada NOAA (National Oceanic and Atmospheric Administration), da NASA. O INPE capacitou especialistas para fazer uso de estações de recepção de dados, cuja tecnologia foi repassada à indústria nacional. Diversas unidades foram fornecidas a instituições de pesquisa e monitoramento, como o Instituto Nacional de Meteorologia (INMET) e empresas.*

Projeto Sensoriamento Remoto (SERE)

Outro programa com a mesma concepção, o Projeto Sensoriamento Remoto (SERE) teve início em 1969 e envolveu o treinamento de pessoal nos Estados Unidos para a realização de missões de mapeamento dos recursos naturais do território brasileiro por meio de fotos aéreas e da recepção de dados do Earth Resources Technology Satellite (ERTS), que deu origem à série de satélites LANDSAT. Em 1970, foi realizada a primeira experiência em sensoriamento remoto, a Missão "Ferrugem", cujo objetivo era detectar a ferrugem nos cafezais na região de Caratinga (MG). Já em 1974, o INPE passou a utilizar as imagens do LANDSAT para mapear o desmatamento na Amazônia.

Satélites de comunicação

O uso de satélites de comunicação foi outra área de interesse do INPE explorada dentro da perspectiva de desenvolvimento e uso de aplicações de tecnologias espaciais em problemas nacionais.

Entre o final dos anos 1960 e início da década de 1970, foi criado o projeto Satélite Avançado de Comunicações Interdisciplinares (SACI), que consistia na utilização de um satélite de telecomunicações da NASA para a transmissão de conteúdos educacionais de nível fundamental e treinamento de professores em regiões remotas do país. Esse projeto teve uma experiência piloto com escolas do Rio Grande do Norte, entre 1973 a 1975. Programas educacionais eram produzidos e transmitidos do INPE.

Apesar desse projeto não ter evoluído como uma área de atividade do INPE, os desenvolvimentos nas áreas de sensoriamento remoto e de meteorologia prosperaram. Todos esses projetos tinham como fundamento a geração de benefícios econômicos e sociais ao país. Também eram concebidos para proporcionar visibilidade ao Instituto e com isso legitimar as atividades espaciais, ainda incipientes.

Formação de especialistas para suprir a falta de cientistas

Para dar sustentação ao pioneirismo científico das atividades espaciais, o INPE criou, ainda na década de 1960, um projeto que fomentaria a formação de especialistas para suprir a falta de cientistas nas diferentes áreas de pesquisa em que o Instituto já vinha atuando. Em 1968, foi estabelecido o PORVIR, através do qual o INPE iniciou suas atividades de Pós-Graduação. Além de garimpar pesquisadores talentosos ainda em formação nas universidades, pesquisadores estrangeiros foram atraídos para atuar em diferentes áreas de pesquisa e ensino do INPE. A capacitação dos pesquisadores envolvia ainda a realização do doutorado no exterior. Esses pesquisadores, quando retornavam ao país, passavam a atuar na formação de novos cientistas nos cursos de pós-graduação do INPE.

Tecnologias dedicadas ao desenvolvimento sustentável

No início dos anos 1970, com a ampliação das atividades do Projeto SERE, o Brasil era o terceiro país no mundo a receber imagens do satélite LANDSAT-1. Essa iniciativa precursora abriu caminho para investimentos nos anos 1980, que permitiram a recepção de dados dos satélites das séries Satellite Pour l'Observation de La Terre (SPOT) e Earth Resource Satellite (ERS-1).

Os resultados gerados por essa área de sensoriamento remoto tornaram-se mais evidentes quando o INPE realizou o Simpósio Brasileiro de Sensoriamento Remoto, pela primeira vez, nos anos 1970. Também data dessa época a apresentação do primeiro trabalho sobre o desmatamento na região amazônica a partir de imagens de satélite. Na década seguinte, a vocação do Instituto para desenvolver atividades voltadas à área ambiental, a partir do acesso ao espaço, se consolidou.

Projeto de Detecção de Queimadas e desmatamento

Foi lançado o projeto de Detecção de Queimadas a partir de imagens de satélites de órbita polar da série NOAA/Advanced Tiros-N e, nos anos 1990, o INPE iniciou o projeto de Avaliação da Cobertura Florestal na Amazônia Legal, utilizando dados a partir do ano de 1988. Esse trabalho passou a ser conhecido como Projeto Desflorestamento da Amazônia Legal (PRODES), criado no âmbito do Programa de Monitoramento da Amazônia (AMZ). O programa PRODES, que oferece estimativas anuais para a taxa de desmatamento na Amazônia Legal brasileira, é hoje a fonte primária de informações para as decisões do governo federal quanto às políticas de combate ao desmatamento na Amazônia.

Em 2004, o INPE lançou o sistema de Detecção de Desmatamento em Tempo Real (DETER), também voltado para a região amazônica, que mapeia diariamente as áreas de corte raso e de processo progressivo de desmatamento por degradação florestal. Trata-se de um levantamento mais ágil, que permite identificar áreas para ações rápidas de fiscalização e controle do desmatamento.

Um marco importante para a história do Brasil no combate ao desmatamento ilegal e na política de preservação da vegetação no país foi o lançamento, pelo Ministério do Meio Ambiente, em 27/11/2015 (Portaria 365), do Programa de Monitoramento Ambiental dos Biomas Brasileiros, usando a tecnologia de satélite. Esse programa tem o objetivo de mapear e monitorar a vegetação de todos os biomas nos mesmos moldes do que já é feito para a região da Amazônia. A abrangência do programa envolve, além do bioma Amazônia, os biomas Caatinga, Cerrado, Mata Atlântica, Pampa e Pantanal.

Das aplicações de satélites às previsões diárias de tempo

A partir de meados dos anos 1960, o INPE iniciou e ampliou suas atividades em pesquisa científica e de recepção e processamento de dados e imagens de satélites meteorológicos. Desde essa época, realiza desenvolvimentos extraindo uma série de produtos a partir de dados e imagens obtidos de sensores a bordo de satélites das séries Geostationary Operational Environmental Satellite (GOES), National Oceanic & Atmospheric Administration (NOAA), dos Estados Unidos, e Meteorological Satellite (METEOSAT), da União Europeia.

Evolução das previsões numéricas de tempo

Na década de 1980, como desdobramento das atividades de pesquisa e acompanhando a evolução das previsões numéricas de *tempo nos países desenvolvidos, pesquisadores do INPE propuseram a criação de um moderno centro de previsão de tempo, onde seriam desenvolvidos modelos a serem processados em um supercomputador.*

A criação do Centro de Previsão de Tempo e Estudos Climáticos (CPTEC) foi aprovada em 1987 e sua inauguração ocorreu em 1994. Planejado para gerar previsões numéricas de tempo, o CPTEC passou a fornecer também previsões de clima sazonal. Alguns anos depois, o novo centro passou a gerar previsões regionais, cobrindo a América do Sul com melhor resolução, e no início dos anos 2000, previsões e monitoramento ambiental.

Com a atualização constante de sua base computacional de alto desempenho, o CPTEC tornou-se um centro de referência internacional, com capacidade científica e tecnológica que permite a melhoria contínua de suas previsões para o país e América do Sul.

Além das previsões, o CPTEC realiza o monitoramento da atmosfera e chuvas, agregando informações ambientais e de tempo e clima às atividades do agronegócio, na geração de energia, em transportes, serviços e obras, turismo e lazer etc.

A ampliação das pesquisas em mudanças climáticas

No biênio 1996-1997 teve início o Experimento de Grande Escala da Biosfera-Atmosfera na Amazônia (LBA), em parceria com organizações de 12 países. Em sua fase inicial, sob a liderança do INPE, o LBA tinha como objetivo buscar respostas fundamentais sobre os ciclos da água, energia, carbono, gases e nutrientes na Amazônia e sobre como esses ciclos se alteraram com o uso da terra pelo homem. Esse experimento veio confirmar a liderança do INPE no setor e a relevância das questões ambientais em sua agenda científica. Outro fato que veio reforçar a agenda do Instituto na área ambiental foi a instalação no INPE, em 1994, do Instituto Interamericano de Pesquisa em Mudanças Globais (IAI).

O envolvimento do INPE nas questões ambientais, sob a forma do uso das ferramentas de modelagem numérica e coleta de dados por meio de satélites e plataformas terrestres, vem crescendo de forma marcante nos últimos anos. Prova disso é a participação de cientistas de seus quadros na elaboração dos relatórios do Intergovernmental Panel on Climate Change (IPCC), que funciona sob os auspícios da Organização das Nações Unidas (ONU), e a liderança no comitê científico do International Geosphere Biosphere Programme (IGBP), a partir de 2006.

Recentemente, o INPE ampliou sua agenda de pesquisa para incluir o tema de Ciência do Sistema Terrestre, com foco nos impactos causados pela atividade antrópica e pelas mudanças climáticas. Iniciativas de pesquisa e liderança em projetos internacionais de pesquisa sobre a Amazônia, como o LBA, participação na elaboração de relatórios do IPCC, e a liderança no comitê científico do IGBP (2006 a 2012), levaram o INPE a criar, em 2009, o Centro de Ciência do Sistema Terrestre (CCST). O objetivo do CCST é analisar os caminhos de sustentabilidade do Brasil frente às mudanças ambientais globais, ampliando, assim, a agenda de pesquisa do INPE na área ambiental.

A busca da autonomia no desenvolvimento das tecnologias espaciais

No início dos anos 1970, com a criação da Comissão Brasileira de Atividades Espaciais (COBAE), órgão responsável pela elaboração da política espacial e coordenação do Programa Espacial Brasileiro, o INPE assumiu o papel de executor de atividades de Pesquisa e Desenvolvimento (P&D) da área de satélites. Naquela ocasião, houve um intenso debate para definir uma missão espacial que capacitasse o país em engenharia e tecnologia espacial. Apesar da negociação com a França para desenvolver uma missão conjunta, a COBAE optou por um programa autônomo - a Missão Espacial Completa Brasileira (MECB) -, que começou a ser desenvolvido em 1978.

MECB - contratação de recursos humanos e projetos de ampla infraestrutura

A MECB foi aprovada em 1979 e seria um divisor de águas para o INPE, tendo em vista o aumento de seu orçamento, a contratação de recursos humanos e projetos de ampla infraestrutura. Os objetivos iniciais da MECB eram o desenvolvimento de quatro satélites e de um veículo lançador, e a construção de uma infraestrutura para as operações de lançamento. O então Centro Tecnológico Aeroespacial (CTA) ficou responsável pelas tarefas relativas ao lançador e pela base de lançamento.

O INPE seria responsável pelo desenvolvimento de dois satélites de coleta de dados ambientais de aproximadamente 100 kg e de dois satélites de sensoriamento remoto de cerca de 150 kg para órbita polar, bem como pelo desenvolvimento de um sistema de solo para o controle de satélites e para o processamento e distribuição de dados de suas cargas úteis. Como resultado, a MECB impulsionou a consolidação definitiva de mais uma área atuação do Instituto - a Engenharia e Tecnologia Espacial (ETE).

Pela MECB foi construído o Laboratório de Integração e Testes (LIT), inaugurado em 1987. O LIT é responsável pela montagem e integração dos satélites brasileiros, mas também vem sendo contratado para a realização de testes e integração de satélites estrangeiros. Além disso, atende a solicitações de teste, verificação e calibração de sistemas e subsistemas para vários setores da indústria nacional.

Com a MECB, também foi criado o Centro de Controle e Rastreio de Satélites (CRC), com unidades em São José dos Campos, Cuiabá e Alcântara, bem como o Centro de Missão de Coleta de Dados em Cachoeira Paulista. O CRC foi inaugurado em 1988 para fazer o controle dos dois satélites de Coleta de Dados Ambientais (SCD), mas a partir de 2001 se capacitou para realizar o controle compartilhado com a China dos satélites da série China-Brazil Earth Resources Satellites (CBERS).

SCD-2, lançado em 1998

Os resultados mais visíveis da MECB no INPE foram os lançamentos do SCD-1, em 1993, e do SCD-2, em 1998. Esses lançamentos representaram o cumprimento da tarefa inicial do INPE na MECB, que consistia no desenvolvimento e lançamento de dois satélites de coleta de dados ambientais. Por outro lado, o objetivo de lançar outros dois satélites de sensoriamento remoto não pode ser completado nos moldes previstos originalmente pela MECB. Os lançamentos falharam.

Em paralelo ao desenvolvimento e lançamento dos SCDs, o INPE investiu na instalação de uma infraestrutura de várias centenas de Plataformas de Coleta de Dados (PCDs) distribuídas por todo o território nacional e países vizinhos. Seu desenvolvimento foi promovido pela MECB, tendo se transformado em uma atividade operacional que continua a ser apoiada pelos satélites da série CBERS.

Em associação às atividades de P&D de tecnologias espaciais, foram criados os Laboratórios Associados, instituídos em 1986 com o objetivo de desenvolver atividades de Ciência, Tecnologia e Inovação (CT&I) de interesse para a área espacial, tais como sensores e materiais, plasma, computação e matemática aplicada, e combustão e propulsão.

O Programa CBERS: cooperação com a China

Os anos 1980 foram marcados por sucessivas crises econômicas que se refletiram parcialmente nos resultados da MECB. Para enfrentar as dificuldades financeiras, mas também por razões de estratégia geopolítica, visando o acesso às tecnologias sensíveis necessárias para o desenvolvimento de satélites de sensoriamento remoto de forma autônoma, o INPE buscou a cooperação internacional. Juntamente com os Ministérios da Ciência e Tecnologia e das Relações Exteriores, começou a discutir e negociar com a China, em 1984, um protocolo de cooperação para o desenvolvimento, a fabricação, testes e lançamento de dois satélites de sensoriamento remoto de grande porte. A cooperação também incluía a operação, recepção, processamento e disseminação das imagens por estações brasileiras e chinesas.

Lançamento do CBERS-4, em dezembro de 2014

A assinatura do protocolo de cooperação entre Brasil e China, em 1988, resultou no lançamento do primeiro satélite da série CBERS, em 1999, e do CBERS-2, em 2003. A partir do êxito desse programa, houve a renovação da cooperação, com o lançamento do CBERS-2B em 2007 e ampliação da missão conjunta com mais dois satélites, CBERS-3 e CBERS-4.

Em 2013, com a falha no lançamento do CBERS-3, as equipes brasileira e chinesa se comprometeram a realizar um grande esforço para produzir, integrar, testar e lançar o satélite seguinte, o CBERS-4, dentro de um cronograma apertado de um ano. O satélite foi lançado com sucesso em dezembro de 2014, trazendo nova perspectiva à extensão do programa entre os dois países. As imagens CBERS são utilizadas no controle do desmatamento e de queimadas na Amazônia Legal, no monitoramento de recursos hídricos, na produção e expansão agrícola, cartografia, entre outras aplicações.

Orçamentos

A década de 2000 foi positiva para o INPE em termos orçamentários. Com o aumento dos dispêndios em C&T pelo governo Lula a partir de 2004, o orçamento do INPE cresceu de R$ 100 milhões, em 2003, para R$ 200 milhões, em 2007, chegando a R$ 250 milhões em 2010. Esse incremento de recursos permitiu um melhor planejamento dos programas de satélite, incluindo contratações junto à indústria nacional. Atualmente, os principais programas de satélites desenvolvidos pelo INPE são, além do CBERS, a Plataforma Multimissão (PMM).

A PMM é uma plataforma de uso múltiplo para satélites de até 500 kg de massa total em órbitas de 600 a 1000 km. Para os próximos anos, INPE planeja lançar uma série de satélites baseados na PMM, para aplicações de observação da Terra (sensoriamento remoto e clima espacial) e científicas (astrofísica e geofísica espacial).

A história de grandes iniciativas do INPE traduz a postura proativa de sua comunidade científica, que aos poucos ampliou a área de atuação da instituição em resposta às demandas da sociedade e dos desafios científicos e tecnológicos. A competência adquirida nas suas principais áreas de atividade - Ciências Espaciais e Atmosféricas, Ciências

Ambientais e Meteorológicas, e Engenharia e Tecnologias Espaciais = foram estabelecidas, por um lado, graças às cooperações científicas internacionais. Por outro, valeu-se da constituição de uma comunidade científica e tecnológica de excelência que se estabeleceu sob a estratégia da formação nos mais avançados centros de pesquisa e pela atração de pesquisadores do exterior para atuar na instituição.

Resumo cronológico dos principais eventos do INPE

Cronologia

1961

Decreto presidencial cria o GOCNAE (Grupo de Organização da Comissão Nacional de Atividades Espaciais), embrião do INPE.

1963

O GOCNAE torna-se CNAE (Comissão Nacional de Atividades Espaciais).

1964

Ministério da Aeronáutica estabelece o GTEPE (Grupo de Trabalho de Estudos e Projetos Espaciais).

1965

Foguete na Barreira do Inferno, RN
Primeira estação de lançamento de foguetes brasileira

Primeiras campanhas de lançamento de foguetes de sondagem, com carga útil do INPE, a partir do Centro de Lançamento da Barreira do Inferno (Natal/RN).

1966
Criado o GTEPE.
Início do programa Meteorologia por Satélite (MESA) - recepção de imagens meteorológicas.

1968
Início dos cursos de pós-graduação.

1969
Início das atividades em sensoriamento remoto.

1971
A CNAE é extinta. Cria-se o INPE - Instituto de Pesquisas Espaciais, vinculado ao CNPq.
É criada a Comissão Brasileira de Atividades Espaciais (COBAE).

1972 e 1973
Implantação da estação de recepção de dados de satélite de sensoriamento remoto, em Cuiabá (MT).

1979

Projeto do satélite totalmente brasileiro

Aprovada a MECB (Missão Espacial Completa Brasileira). Fica estabelecido que o INPE desenvolverá satélites de coleta de dados e de sensoriamento remoto e o CTA, o veículo lançador de satélites e a implantação de um centro de lançamentos brasileiro.

1980

Transferência do Centro de Radioastronomia e Astrofísica Mackenzie (CRAAM) para o INPE.

1982

Primeira expedição científica à Antártica. Investimentos em infra-estrutura para a Missão Espacial Completa Brasileira: Laboratório de Integração e Testes (1983-87) e Centro de Rastreio e Controle de Satélites (1987-89).

1985

É criado o Ministério da Ciência e Tecnologia. O INPE passa a pertencer ao MCT, como órgão autônomo.

1986

Criação dos Laboratórios Associados - Plasma, Sensores e Materiais, Computação e Matemática Aplicada e Combustão e Propulsão.

Início do programa de monitoramento de queimadas.

1987

Inauguração do Laboratório de Integração e Testes.

1988

Assinatura do acordo de cooperação entre Brasil e China visando o desenvolvimento de satélites (CBERS-1 e CBERS-2).

1989

É criada a SCT (Secretaria Especial da Ciência e Tecnologia) como órgão integrante da Presidência da República.

Início do Projeto PRODES - Monitoramento da Floresta Amazônica Brasileira por Satélites, com levantamento de dados anuais sobre a taxa do desflorestamento na Amazônia Legal.

1990

Entrada do INPE em São José dos Campos

O INPE passa a ser denominado Instituto Nacional de Pesquisas Espaciais e integrado à estrutura básica da Secretaria da Ciência e Tecnologia da Presidência da República – SCT/PR.

1992

A SCT é transformada em Ministério da Ciência e Tecnologia (MCT), passando o INPE a integrá-lo na qualidade de órgão específico.

1993

Vista virtual do satélite brasileiro

É lançado SCD-1, primeiro brasileiro satélite de coleta de dados, totalmente desenvolvido pelo INPE, da base de Cabo Canaveral, na Flórida (EUA).

1994

Funcionários e bolsistas do INPE

O INPE cria o CPTEC (Centro de Previsão do Tempo e Estudos Climáticos). É criada a Agência Espacial Brasileira, em substituição à COBAE.

1995

É aprovada a Estrutura Regimental do MCT, passando o INPE a integrá-lo na qualidade de Órgão Específico Singular.

1998

Lançamento do SCD-2 também da base americana de Cabo Canaveral, na Flórida.

1999

Lançamento do CBERS-1 - Satélite Sino-Brasileiro de Recursos Terrestres, a partir da base de Taiyuan, na China.

2002

Assinatura de novo acordo de cooperação entre Brasil e China para o desenvolvimento dos satélites CBERS-3 e CBERS-4.

2003

Lançamento do Satélite CBERS-2, também da base chinesa de Taiyuan.

SCD-1 completa dez anos em órbita.

SCD-2 completa cinco anos em órbita.

Sistema de monitoramento da Amazônia passa a ter classificação digital de imagens e disponibilizado na Internet.

2003

Catálogo gratuito de imagens CBERS é disponibilizado na Internet.

Rede Nacional de Monitoramento de Raios é disponibilizada na Internet.

Supercomputador do INPE coloca o Brasil entre os oito

países com alta capacidade de processamento em previsão numérica de tempo e clima.

2005

Dados do programa de Detecção de Desmatamento da Amazônia em Tempo Real (DETER) são disponibilizados na Internet.

INPE chega à marca de 100 mil imagens CBERS distribuídas, tornando-se o maior distribuidor do gênero no mundo.

Laboratório de Integração e Testes totaliza 1.000 clientes atendidos.

2006

Catálogo gratuito de imagens CBERS é estendido para a América do Sul.

Estados Unidos recebem imagens CBERS.

2007

Lançamento do Satélite CBERS-2B, da base chinesa de Taiyuan.

2008

Criação do Centro de Ciência do Sistema Terrestre.
Criação do Centro Regional da Amazônia.

2009

Inaugurados em Cachoeira Paulista o Laboratório de Captura de Gás Carbônico (CO2) e a Estação de Senseriamento Remoto Marinho.

2010

Realização da campanha de testes do satélite argentino SAC-D, que tem a bordo o Aquarius, inovador instrumento da NASA.

O CPTEC-INPE é designado um dos doze centros para previsões sazonais globais pelas normas da Organização Mundial de Meteorologia - OMM.

2011

Início das operações do Tupã, o novo supercomputador climático.

2012

Qualificação do primeiro subsistema nacional de propulsão para satélites.

Testes do modelo estrutural do satélite Amazônia-1 no LIT.

2013

Lançamento do satélite CBERS-3.

2014

Lançamento do cubesat NanosatC-Br1, desenvolvido pelo INPE em cooperação com a Universidade Federal de Santa Maria (UFSM).

Lançamento do satélite CBERS-4.

2015

Brasil e China assinam protocolo para o satélite CBERS-4A.

2016
Lançado novo sistema de monitoramento de queimadas.

Publicado por: INPE
Última Modificação: Dez 04, 2017 10h52
http://www.inpe.br/institucional/sobre_inpe/historia.php

Demais endereços do INPE no Brasil

INPE São Paulo (SP)
Centro de Radioastronomia e Aplicações Espaciais - CRAAE
Centro de Rádio-Astronomia e Astrofísica Mackenzie - CRAAM
Instituto Presbiteriano Mackenzie
http://www.craam.mackenzie.br
Rua da Consolação, 896
Ed. Rev. Prof. Modesto Carvalhosa (Prédio T) - 6° andar, sala 603
Centro   CEP: 01302-907

INPE Atibaia (SP)
Radio-Observatório de Itapetinga
Caixa Postal: 200   CEP: 12940-000

INPE Eusébio (CE)
Rádio-Observatório Espacial do Nordeste - ROEN
http://www.roen.inpe.br/
Caixa Postal: 21
Rua Estrada do Fio, 6000
Tupuiu   CEP: 61760-000

INPE Brasília (DF)
INPE - Brasília
Setor Policial Sul - Á·rea Especial 05
Quadra 03 - Bloco B Sala 23 (térreo)
Setores Complementares   CEP: 70610-200

INPE São Luís (MA)
Observatório Espacial de São Luis
Rua Horto Florestal, nº 100
Cruzeiro do Santa Barbara   CEP: 65052-152

INPE Alcântara (MA)
Centro de Lançamento de Alcântara (CLA)
Rodovia MA-106   CEP: 65250-000

INPE Cuiabá (MT)
Unidade Regional do Centro Oeste - URURO
http://www.cba.inpe.br/
Caixa Postal: 6099
Rua Dr. Hélio Ponce de Arruda, S/N
Centro Político Administrativo   CEP: 78049-944

INPE Belém (PA)
Centro Regional da Amazônia - CRCRA
http://www.inpe.br/cra
Parque de Ciência e Tecnologia do Guamá
Av. Perimetral, 2651
Terra Firme   CEP: 66077-830

INPE Natal (RN)
Centro Regional do Nordeste - CRCRN
http://www.crn2.inpe.br/
Rua Carlos Serrano, 2073
Lagoa Nova   CEP: 59076-740

INPE Santa Maria (RS)

Centro Regional Sul de Pesquisas Espaciais - CRCRS
Campus da Universidade Federal de Santa Maria ⊗ UFSM
Observatório Espacial do Sul - São Martinho da Serra
http://www.inpe.br/crs/   CEP: 97105-970
Caixa Postal 5021

Autor Władysław Sielawa ao lado do astronauta Pontes

www.ingramcontent.com/pod-product-compliance
Lightning Source LLC
Chambersburg PA
CBHW051918210526
45473CB00006B/2061